CW01159799

LA DIETA DASH

GUIDA COMPLETA PER RIDURRE LA PRESSIONE E NUTRIRE IL CORPO

Tom Lockes

Titolo: La dieta Dash

Autore: Tom Lockes

Copyright © Tom Lockes.

Tutti i diritti sono riservati all'autore. Nessuna parte di questo libro può essere riprodotta senza l'autorizzazione dell'Autore.

Prima edizione: dicembre 2023

Disclaimer

Le informazioni contenute in questo libro sono fornite a scopo informativo e educativo e non sostituiscono il consiglio, la diagnosi o il trattamento medico professionale. Se hai dubbi o domande sulla tua salute, è fondamentale che tu ti consulti con un medico o un altro operatore sanitario qualificato.

Sebbene ogni sforzo sia stato fatto per assicurare l'accuratezza delle informazioni, l'autore e l'editore declinano ogni responsabilità per errori, omissioni o effetti avversi derivanti dall'uso delle informazioni contenute in questo libro.

Introduzione alla Dieta DASH

- Origini e Filosofia
- Benefici per la Salute del Cuore

2. **Comprendere la Pressione Sanguigna**

- Cos'è la Pressione Sanguigna?
- Fattori che Influenzano la Pressione Sanguigna

3. **Principi Fondamentali della Dieta DASH**

- Macronutrienti e Micronutrienti Chiave
- La Piramide Alimentare DASH

4. **Pianificazione del Menù DASH**

- Creare un Piano Alimentare Equilibrato
- Consigli per la Spesa e la Preparazione dei Pasti

5. **Ricette DASH per la Colazione**

- Ricette Sane e Gustose per Iniziare la Giornata

6. **Ricette DASH per il Pranzo**
    - Piatti Nutrienti per un Pomeriggio Energetico

7. **Ricette DASH per la Cena**
    - Cene Deliziose che Soddisfano e Nutrono

8. **Spuntini e Dessert DASH**
    - Opzioni Leggere e Salutari per Ogni Momento della Giornata

9. **Gestione del Peso con la Dieta DASH**
    - Perdere Peso in Modo Sano e Sostenibile

10. **Stile di Vita DASH**
    - Attività Fisica e Benessere Generale
    - Gestire lo Stress e Dormire Bene

11. **Conclusione**
    - Riassunto dei Principi Chiave
    - Incoraggiamento per il Futuro

Capitolo 1: Introduzione alla Dieta DASH

Le Origini della Dieta DASH

La Dieta DASH, acronimo di "Dietary Approaches to Stop Hypertension", è nata negli anni '90 grazie a studi finanziati dal National Heart, Lung, and Blood Institute (NHLBI) negli Stati Uniti. L'obiettivo principale di questi studi era quello di identificare un modello alimentare che potesse avere un impatto significativo nella riduzione della pressione arteriosa senza l'uso di farmaci.

Gli studi hanno rivelato che un regime alimentare ricco di frutta, verdura, cereali integrali e latticini a basso contenuto di grassi, unito a una moderata assunzione di carne magra, pesce, e noci, poteva effettivamente abbassare la pressione sanguigna. È stato anche scoperto che questa dieta aveva benefici aggiuntivi, come il miglioramento dei livelli di colesterolo e la riduzione del rischio di sviluppare malattie cardiache e ictus.

La Filosofia Dietro la Dieta DASH

Al cuore della filosofia DASH c'è l'idea che una dieta equilibrata e nutriente può essere la chiave per una vita più sana. Invece di concentrarsi su ciò che non si dovrebbe mangiare, la DASH promuove un approccio positivo e inclusivo all'alimentazione. Questo regime non è solo un piano per ridurre la pressione sanguigna, ma è un modello sostenibile per migliorare il benessere generale.

Un principio fondamentale della Dieta DASH è la varietà. Non si tratta di eliminare interi gruppi alimentari, ma di trovare l'equilibrio giusto tra i diversi nutrienti. Un altro aspetto chiave è la moderazione, specialmente nel consumo di sale, dolci e carni rosse. La Dieta DASH è più di un semplice piano alimentare. È una filosofia di vita che incoraggia scelte salutari e sostenibili, non solo per il nostro cuore, ma per il nostro benessere complessivo. Nel prossimo sottocapitolo, esploreremo come la pressione sanguigna influenzi la nostra salute e come la Dieta DASH può aiutarci a gestirla efficacemente.

Benefici per la Salute del Cuore

Dopo aver esplorato le origini e la filosofia della Dieta DASH, è fondamentale comprendere i suoi molteplici benefici per la salute del cuore.

Riduzione della Pressione Sanguigna

Uno dei benefici più significativi della Dieta DASH è la sua capacità di ridurre la pressione sanguigna. Questo è particolarmente importante perché la pressione arteriosa elevata è un fattore di rischio primario per malattie cardiache e ictus. La combinazione di alimenti ricchi in nutrienti come potassio, calcio e magnesio, insieme alla riduzione dell'assunzione di sodio, contribuisce a diminuire la pressione arteriosa.

Miglioramento del Colesterolo

La Dieta DASH non solo aiuta a ridurre la pressione sanguigna, ma è anche efficace nel migliorare i livelli di colesterolo nel sangue. La dieta enfatizza il consumo di fibre, presenti in frutta, verdura e cereali integrali, che aiutano a ridurre il colesterolo LDL (il cosiddetto "cattivo" colesterolo) e promuovono un profilo lipidico più sano.

Prevenzione dell'Aterosclerosi

L'aterosclerosi, la formazione di placche nelle arterie, è una causa principale di malattie cardiovascolari. La Dieta DASH, con il suo alto contenuto di alimenti antinfiammatori e antiossidanti, contribuisce a ridurre l'infiammazione e a prevenire la formazione di placche, proteggendo così le arterie.

Controllo del Peso Corporeo

La gestione del peso è cruciale per la salute del cuore. La Dieta DASH non è una dieta "dimagrante" nel senso tradizionale, ma promuove un'alimentazione equilibrata che può aiutare nella gestione del peso. Mantenere un peso corporeo sano riduce lo stress sul cuore e diminuisce il rischio di malattie cardiache.

Miglioramento della Tolleranza al Glucosio

La Dieta DASH può migliorare anche la tolleranza al glucosio e ridurre il rischio di sviluppare diabete tipo 2, un altro fattore di rischio per le malattie cardiache. La combinazione di una dieta a basso indice glicemico con l'assunzione regolare di fibre e nutrienti essenziali contribuisce a regolare i livelli di zucchero nel sangue.

In conclusione, i benefici della Dieta DASH per la salute del cuore sono molteplici e ben documentati. Riducendo la pressione sanguigna, migliorando i livelli di colesterolo, prevenendo l'aterosclerosi, aiutando nella gestione del peso e migliorando la tolleranza al glucosio, la Dieta DASH si presenta come un approccio alimentare completo per una salute cardiovascolare ottimale.

Capitolo 2: Comprendere la Pressione Sanguigna

Cos'è la Pressione Sanguigna?

La pressione sanguigna è una misura fondamentale della salute cardiovascolare. Essa rappresenta la forza esercitata dal sangue contro le pareti delle arterie mentre viene pompato dal cuore. La pressione sanguigna è essenziale per la circolazione del sangue in tutto il corpo, fornendo ossigeno e nutrienti ai vari tessuti e organi.

Le Due Componenti della Pressione Sanguigna

La pressione sanguigna si compone di due numeri misurati in millimetri di mercurio (mmHg):

1. **Pressione Sistolica:** Il primo numero, la pressione sistolica, rappresenta la pressione nelle arterie quando il cuore si contrae. Un valore normale si trova generalmente al di sotto di 120 mmHg.

2. **Pressione Diastolica:** Il secondo numero, la pressione diastolica, indica la pressione nelle arterie quando il cuore è a riposo tra un battito e l'altro. Un valore normale è inferiore a 80 mmHg.

L'Importanza di Valori Normali

Mantenere valori normali di pressione sanguigna è cruciale per la salute complessiva. Un'eccessiva pressione sanguigna può mettere a dura prova il cuore e le arterie, portando nel tempo a condizioni come l'ipertensione, che a sua volta aumenta il rischio di malattie cardiache, ictus e altri problemi di salute.

Fattori che Influenzano la Pressione Sanguigna

Diversi fattori possono influenzare la pressione sanguigna, tra cui:

- Dieta e consumo di sale
- Peso corporeo
- Attività fisica
- Fumo di tabacco e consumo di alcol
- Età e genetica
- Stress e sonno

In questo contesto, la Dieta DASH si presenta come un approccio nutrizionale strategico per ottimizzare i valori della pressione sanguigna. Attraverso l'assunzione controllata di sodio, l'aumento di nutrienti benefici come potassio, magnesio e calcio, e un'alimentazione equilibrata ricca di frutta, verdura e cereali integrali, si può influenzare positivamente la pressione sanguigna e quindi la salute del cuore.

Capitolo 2: Comprendere la Pressione Sanguigna

Sottocapitolo: Fattori che Influenzano la Pressione Sanguigna

Dopo aver compreso cos'è la pressione sanguigna, è importante esaminare i vari fattori che possono influenzarla. Questi fattori giocano un ruolo significativo nella gestione dell'ipertensione e nella prevenzione di malattie cardiache e ictus.

1. Dieta e Consumo di Sale

La dieta gioca un ruolo cruciale nella regolazione della pressione sanguigna. Un elevato consumo di sale (sodio) è uno dei principali fattori che contribuiscono all'ipertensione. Alimenti ricchi di potassio, magnesio e calcio, d'altra parte, possono aiutare a bilanciare gli effetti del sodio e a mantenere la pressione sanguigna in un intervallo sano.

2. Peso Corporeo

Il sovrappeso e l'obesità aumentano il rischio di sviluppare ipertensione. Il grasso in eccesso, specialmente attorno all'addome, può esercitare una maggiore pressione sul cuore e sul sistema circolatorio. Perdere peso attraverso una dieta equilibrata e attività fisica regolare può aiutare a ridurre la pressione sanguigna.

3. Attività Fisica

L'esercizio fisico regolare rafforza il cuore, consentendogli di pompare il sangue con meno sforzo. Questo riduce la pressione sulle arterie, abbassando così la pressione sanguigna. Attività come camminare, nuotare o andare in bicicletta sono particolarmente benefiche.

4. Fumo di Tabacco e Consumo di Alcol

Il fumo di tabacco può danneggiare le pareti dei vasi sanguigni e aumentare il rischio di ipertensione. Similmente, un consumo eccessivo di alcol può portare a un aumento a lungo termine della pressione sanguigna.

5. Età e Genetica

L'età è un fattore di rischio per l'ipertensione; la pressione sanguigna tende ad aumentare con l'età. Anche la genetica gioca un ruolo: se ci sono casi di ipertensione in famiglia, il rischio di svilupparla è maggiore.

6. Stress e Sonno

Lo stress cronico può contribuire all'ipertensione, così come una cattiva qualità del sonno. Pratiche come la meditazione, lo yoga e una buona igiene del sonno possono aiutare a gestire lo stress e migliorare la qualità del sonno.

In conclusione, comprendere e gestire questi fattori può avere un impatto significativo sulla pressione sanguigna e sulla salute generale. La Dieta DASH, con il suo focus su una sana alimentazione e uno stile di vita equilibrato, offre un approccio efficace per affrontare molti di questi fattori di rischio.

Capitolo 3: Principi Fondamentali della Dieta DASH

Macronutrienti e Micronutrienti Chiave

Nel cuore della Dieta DASH si trovano i macronutrienti e i micronutrienti chiave, elementi fondamentali che contribuiscono alla sua efficacia nel migliorare la salute cardiovascolare e nel ridurre la pressione sanguigna. Questo sottocapitolo si concentra sui nutrienti essenziali che definiscono la Dieta DASH.

Macronutrienti nella Dieta DASH

1. **Proteine:** La Dieta DASH incoraggia il consumo di proteine magre, come pollo, pesce, legumi e noci. Questi alimenti forniscono proteine essenziali senza l'aggiunta di grassi saturi che si trovano nelle carni rosse.

2. **Carboidrati:** Si dà priorità ai carboidrati complessi provenienti da frutta, verdura e cereali integrali. Questi alimenti sono ricchi di fibre, che

aiutano a gestire il peso e a ridurre i livelli di colesterolo.

3. **Grassi:** La Dieta DASH limita i grassi saturi e trans, dando invece spazio a grassi salutari come quelli presenti nell'olio d'oliva, avocado e pesci grassi, che sono benefici per la salute del cuore.

Micronutrienti Fondamentali

1. **Potassio:** Un importante regolatore della pressione sanguigna, il potassio aiuta a bilanciare gli effetti negativi del sodio. Alimenti come banane, patate, spinaci e fagioli sono eccellenti fonti di potassio.

2. **Magnesio:** Il magnesio aiuta a rilassare i vasi sanguigni, riducendo così la pressione sanguigna. Alimenti come noci, semi, legumi e cereali integrali sono ricchi di questo importante minerale.

3. **Calcio:** Conosciuto per il suo ruolo nella salute delle ossa, il calcio è anche essenziale per il corretto funzionamento dei vasi sanguigni e del

cuore. Latticini a basso contenuto di grassi, verdure a foglia verde e alcuni tipi di pesce sono buone fonti di calcio.

4. **Fibre:** Le fibre non solo aiutano nella digestione e nella gestione del peso, ma possono anche ridurre il colesterolo e migliorare la salute del cuore. Frutta, verdura e cereali integrali sono le migliori fonti di fibre. La Dieta DASH si basa su un bilanciato apporto di macronutrienti e un'abbondanza di micronutrienti essenziali. Questa combinazione non solo favorisce una pressione sanguigna sana ma contribuisce anche ad un benessere generale, sostenendo la salute del cuore e del corpo.

Capitolo 3: Principi Fondamentali della Dieta DASH

La Piramide Alimentare DASH

Dopo aver compreso l'importanza dei macronutrienti e micronutrienti nella Dieta DASH, è utile esaminare la Piramide Alimentare DASH. Questa piramide serve come guida visuale per aiutare a comprendere come incorporare i principi della dieta nella vita quotidiana.

Fondamenti della Piramide

1. **Base della Piramide: Frutta e Verdura**

    - La base della Piramide Alimentare DASH è costituita da frutta e verdura. Questi alimenti, ricchi di vitamine, minerali, fibre e antiossidanti, dovrebbero costituire la maggior parte del consumo giornaliero.

2. **Secondo Livello: Cereali Integrali**

    - Il secondo livello include cereali integrali come pane, pasta, riso integrale e avena. I cereali integrali forniscono energia a lungo termine e sono una fonte importante di fibre.

3. **Terzo Livello: Proteine Magre e Latticini a Basso Contenuto di Grassi**
    - Questo livello incoraggia il consumo di proteine magre (pollo, tacchino, pesce) e latticini a basso contenuto di grassi, che forniscono calcio, proteine e altri nutrienti essenziali.

4. **Quarto Livello: Grassi Salutari e Noci**
    - Qui si includono grassi salutari come olio d'oliva, noci e semi, che forniscono acidi grassi essenziali e contribuiscono alla salute del cuore.

5. **Vertice della Piramide: Dolci e Grassi Saturi**
    - Il vertice della piramide è dedicato a dolci e grassi saturi, che dovrebbero essere consumati con moderazione.

Porzioni e Frequenza

La Piramide Alimentare DASH non solo suggerisce quali alimenti mangiare, ma anche quante porzioni di ciascun gruppo alimentare dovrebbero essere consumate giornalmente. Questo varia in base alle esigenze caloriche individuali, ma in generale, enfatizza un maggior consumo di frutta, verdura e cereali integrali rispetto a proteine e grassi.

Personalizzazione e Flessibilità

Un aspetto fondamentale della Piramide Alimentare DASH è la sua flessibilità. È progettata per adattarsi a diverse esigenze nutrizionali, preferenze e stili di vita. Che si tratti di un vegetariano che cerca di integrare più proteine nella dieta o di una persona che cerca di ridurre il consumo di sale, la piramide DASH può essere adattata per soddisfare queste esigenze.

La Piramide Alimentare DASH è uno strumento utile e flessibile che fornisce una guida visiva per aiutare le persone a fare scelte alimentari sane e bilanciate, fondamentali per il controllo della pressione sanguigna e la salute del cuore.

Capitolo 4: Pianificazione del Menù DASH

Creare un Piano Alimentare Equilibrato

Passando dalla teoria alla pratica, il quarto capitolo del libro si concentra sulla creazione di un piano alimentare equilibrato seguendo i principi della Dieta DASH. Un piano alimentare ben strutturato è essenziale per sfruttare appieno i benefici di questa dieta, specialmente per la salute del cuore e il controllo della pressione sanguigna.

1. Determinare il Fabbisogno Calorico

Prima di tutto, è importante determinare il fabbisogno calorico giornaliero. Questo varia a seconda dell'età, del sesso, del peso, dell'altezza e del livello di attività fisica. Ci sono molte calcolatrici online che possono aiutare a determinare queste necessità caloriche.

2. Bilanciare i Macronutrienti

Una volta stabilito il fabbisogno calorico, il passo successivo è bilanciare i macronutrienti – carboidrati, proteine e grassi. La Dieta DASH suggerisce una distribuzione che privilegia i carboidrati complessi (circa il 55-60% delle calorie giornaliere), seguiti dalle proteine (circa il 15-20%) e dai grassi (circa il 25-30%).

3. Integrare Frutta e Verdura

La frutta e la verdura dovrebbero essere una parte significativa di ogni pasto, poiché sono ricche di nutrienti essenziali e fibre. L'obiettivo è di includere almeno 4-5 porzioni di verdura e 4-5 porzioni di frutta ogni giorno.

4. Scegliere Cereali Integrali

Sostituire i cereali raffinati con quelli integrali aiuta a aumentare l'apporto di fibre e a mantenere i livelli di zucchero nel sangue stabili. Si consiglia di consumare 6-8 porzioni di cereali integrali al giorno.

5. Includere Proteine Magre e Latticini a Basso Contenuto di Grassi

Le proteine magre come pollo, tacchino, pesce e legumi, insieme ai latticini a basso contenuto di grassi, dovrebbero essere parte integrante del piano alimentare. Questi alimenti forniscono proteine essenziali senza l'eccesso di grassi saturi.

6. Limitare il Sodio, Dolci e Grassi Saturi

Infine, è fondamentale limitare il consumo di sodio, dolci e grassi saturi. Questo non significa eliminarli completamente, ma piuttosto consumarli con moderazione, in linea con le raccomandazioni della Dieta DASH.

In sintesi, creare un piano alimentare equilibrato secondo la Dieta DASH significa fare scelte alimentari consapevoli che favoriscono la salute del cuore. Un piano ben strutturato aiuta a garantire che tutti i nutrienti essenziali siano inclusi, mantenendo allo stesso tempo le porzioni e il consumo calorico sotto controllo.

Capitolo 4: Pianificazione del Menù DASH

Consigli per la Spesa e la Preparazione dei Pasti

Dopo aver stabilito un piano alimentare equilibrato, il passo successivo è imparare come fare la spesa e preparare i pasti in modo che si allineino con i principi della Dieta DASH. Questi consigli pratici possono semplificare il processo e aiutarti a mantenere uno stile di vita sano senza sforzo.

1. Fare la Spesa con un Piano

Prima di andare al supermercato, è utile preparare una lista della spesa basata sul piano alimentare DASH. Questo aiuta a rimanere focalizzati sugli alimenti sani e a evitare acquisti impulsivi di cibi meno salutari.

2. Scegliere Alimenti Integrali e Non Processati

Durante la spesa, cerca di scegliere alimenti il più possibile nella loro forma integrale. Preferisci frutta e verdura fresca, cereali integrali, legumi, noci e semi.

Evita cibi altamente processati e confezionati che spesso contengono alti livelli di sodio e zuccheri aggiunti.

3. Leggere le Etichette Alimentari

Imparare a leggere le etichette alimentari è fondamentale. Controlla il contenuto di sodio, zuccheri, grassi saturi e trans, oltre ai valori nutrizionali complessivi. Questo ti aiuterà a fare scelte più informate.

4. Pianificazione dei Pasti e Preparazione in Anticipo

Pianificare i pasti per la settimana e prepararli in anticipo può risparmiare tempo e ridurre lo stress. La preparazione di pasti sani in anticipo aiuta anche a resistere alla tentazione di ricorrere a soluzioni rapide e meno salutari.

5. Cucinare in Modo Salutare

Quando cucini, usa metodi di cottura salutari come grigliare, cuocere a vapore, arrostire o bollire. Evita di friggere e usa condimenti e salse con moderazione.

Sperimenta con erbe e spezie per aggiungere sapore senza aggiungere sale extra.

6. Porzioni Controllate

Mangia porzioni controllate per evitare di mangiare troppo. Serviti utilizzando piatti più piccoli e ascolta i segnali di sazietà del tuo corpo per evitare di mangiare eccessivamente.

7. Coinvolgimento della Famiglia

Incoraggiare la famiglia a partecipare alla pianificazione dei pasti e alla preparazione può rendere la dieta DASH un'esperienza più piacevole e meno onerosa. Inoltre, aiuta a creare abitudini alimentari sane per tutti i membri della famiglia.

Seguendo questi consigli, puoi integrare facilmente la Dieta DASH nella tua routine quotidiana, migliorando la tua salute e il tuo benessere generale.

Capitolo 5: Ricette DASH per la Colazione

La colazione è spesso definita come il pasto più importante della giornata. Questo capitolo si dedica a presentare una varietà di ricette DASH ideali per iniziare la giornata con energia, nutrimento e gusto, rispettando i principi della dieta DASH.

1. Frullato Energizzante di Frutta e Verdura

- Un frullato ricco di frutta fresca, verdure a foglia verde, e un tocco di yogurt greco a basso contenuto di grassi. Questo frullato è un'ottima fonte di fibre, vitamine e minerali per iniziare la giornata.

Frullato Energizzante Verde

1. **Ingredienti**:
    - Spinaci freschi: 1 tazza
    - Mezza mela verde
    - Banana: 1
    - Cetriolo: mezzo
    - Zenzero fresco: un pezzetto da 1 cm
    - Succo di limone: 2 cucchiai
    - Acqua di cocco: 1 tazza (o acqua normale)

2. **Preparazione**:

    - Lava e taglia la mela verde e il cetriolo.
    - Metti tutti gli ingredienti in un frullatore.
    - Frulla fino ad ottenere un composto omogeneo.
    - Aggiusta di liquido se necessario per raggiungere la consistenza desiderata.

Frullato Energizzante Rosso

1. **Ingredienti**:
   - Barbabietole crude: mezza
   - Carote: 2
   - Arancia: 1 (pelata)
   - Mirtilli: una manciata
   - Yogurt greco: 1/2 tazza
   - Miele: 1 cucchiaio (opzionale)

2. **Preparazione**:
   - Taglia la barbabietola e le carote a pezzi.
   - Metti tutti gli ingredienti in un frullatore.
   - Frulla fino ad ottenere una consistenza liscia.
   - Aggiungi un po' d'acqua o succo d'arancia se necessario.

Avena Cotta con Mela, Cannella e Noci

Ingredienti:

- Fiocchi d'avena: 1/2 tazza
- Latte (o una bevanda vegetale): 1 tazza
- Mela: 1, tagliata a cubetti
- Noci tritate: 1/4 di tazza
- Cannella in polvere: 1 cucchiaino
- Miele o sciroppo d'acero: 1 cucchiaio
- Un pizzico di sale

Preparazione:

- In una pentola, mescola l'avena con il latte e un pizzico di sale.
- Porta a ebollizione, quindi riduci la fiamma e cuoci per 5 minuti, mescolando di tanto in tanto.
- Aggiungi la mela, la cannella e la metà delle noci.
- Cuoci per altri 5 minuti o fino a quando l'avena è morbida.

- Servi calda, guarnita con le noci rimanenti e un filo di miele o sciroppo d'acero.

Avena Cotta con Banana, Bacche e Mandorle

Ingredienti:

- Fiocchi d'avena: 1/2 tazza
- Latte (o una bevanda vegetale): 1 tazza
- Banana: 1, affettata
- Bacche fresche (fragole, mirtilli, lamponi): 1/2 tazza
- Mandorle affettate: 1/4 di tazza
- Sciroppo d'acero: 1 cucchiaio
- Un pizzico di sale

Preparazione:

- In una pentola, unisci l'avena con il latte e un pizzico di sale.
- Porta a ebollizione, quindi abbassa la fiamma e cuoci per circa 5 minuti.

- Aggiungi metà delle fette di banana e metà delle bacche durante gli ultimi due minuti di cottura.

- Una volta cotta, versala in una ciotola e aggiungi le fette di banana, le bacche e le mandorle rimaste.

- Versa un filo di sciroppo d'acero sopra prima di servire.

- Una ciotola di avena integrale cotta con latte scremato o vegetale, guarnita con frutta fresca e una manciata di noci. Questa colazione fornisce un equilibrio di carboidrati complessi, proteine e grassi salutari.

Frittata con Spinaci, Pomodorini e Feta

1. **Ingredienti**:

    - Uova: 6
    - Spinaci freschi: 2 tazze
    - Pomodorini: 1 tazza, tagliati a metà
    - Feta sbriciolata: 1/2 tazza
    - Cipolla: 1 piccola, tritata
    - Aglio: 1 spicchio, tritato
    - Olio d'oliva: 1 cucchiaio
    - Sale e pepe: q.b.

2. **Preparazione**:

    - In una padella antiaderente, soffriggi la cipolla e l'aglio nell'olio d'oliva fino a che non diventano trasparenti.
    - Aggiungi gli spinaci e cuoci fino a che non appassiscono.

- In una ciotola, sbatti le uova con sale e pepe.
- Versa le uova sbattute nella padella, aggiungi i pomodorini e la feta.
- Cuoci a fuoco medio-basso fino a quando la base non si sarà solidificata.
- Metti la padella sotto il grill del forno per qualche minuto fino a che la parte superiore non diventa dorata.

Frittata con Zucchine, Peperoni e Feta

1. **Ingredienti**:

   - Uova: 6
   - Zucchine: 2, affettate sottilmente
   - Peperone rosso: 1, tagliato a strisce
   - Feta sbriciolata: 1/2 tazza
   - Erba cipollina o basilico fresco: un pugno, tritato
   - Olio d'oliva: 1 cucchiaio
   - Sale e pepe: q.b.

2. **Preparazione**:

   - In una padella, soffriggi le zucchine e il peperone nell'olio d'oliva fino a quando non sono morbidi.
   - Sbatti le uova in una ciotola con sale, pepe e le erbe aromatiche.

- Versa il composto di uova nella padella, aggiungi la feta.
- Cuoci a fuoco medio-basso finché la base non si solidifica.
- Passa la padella sotto il grill del forno per dorare la parte superiore.

4. Pancake Integrali con Sciroppo d'Acero Puro

Pancake fatti con farina integrale, serviti con frutta fresca e una piccola quantità di sciroppo d'acero puro. Questi pancake sono un modo delizioso per godersi un classico della colazione in chiave più salutare.

Pancake Integrali con Mirtilli

Ingredienti:

- Farina integrale: 1 tazza
- Latte (o bevanda vegetale): 1 tazza
- Uovo: 1
- Mirtilli freschi: 1/2 tazza
- Olio di cocco o burro: per la cottura
- Zucchero di canna: 2 cucchiai
- Lievito in polvere: 1 cucchiaino
- Sale: un pizzico

- **Preparazione**:
- In una ciotola, mescola la farina, lo zucchero, il lievito e il sale.
- In un'altra ciotola, sbatti l'uovo e aggiungi il latte.
- Unisci gli ingredienti umidi a quelli secchi e mescola fino a ottenere un composto omogeneo.
- Incorpora delicatamente i mirtilli.

- Riscalda un po' di olio o burro in una padella antiaderente.

- Versa un mestolo di impasto per ogni pancake e cuoci fino a quando non si formano bolle sulla superficie, poi girali e cuoci l'altro lato.

- Servi caldi.

Pancake Integrali alla Banana e Cannella

Ingredienti:

- Farina integrale: 1 tazza
- Latte (o bevanda vegetale): 1 tazza
- Uovo: 1
- Banana matura: 1, schiacciata
- Olio di cocco o burro: per la cottura
- Zucchero di canna: 2 cucchiai
- Cannella in polvere: 1 cucchiaino
- Lievito in polvere: 1 cucchiaino
- Sale: un pizzico

Preparazione:

- Mescola la farina, lo zucchero, la cannella, il lievito e il sale in una ciotola.
- In un'altra ciotola, sbatti l'uovo e unisci il latte e la banana schiacciata.

- Aggiungi gli ingredienti umidi a quelli secchi e mescola fino a che non sono ben combinati.
- Scalda un po' di olio o burro in una padella antiaderente.
- Versa un mestolo di impasto per pancake e cuoci fino alla formazione di bolle sulla superficie, poi girali e cuoci l'altro lato.
- Servi caldi.

Toast Integrale con Avocado e Uovo in Camicia

Una fetta di pane integrale tostato, coperta con avocado schiacciato e un uovo in camicia. Questo pasto offre un mix bilanciato di grassi salutari, proteine e carboidrati complessi.

Ingredienti:

- Pane integrale: 2 fette
- Avocado maturo: 1
- Uova: 2
- Aceto bianco: 1 cucchiaio (per l'uovo in camicia)
- Sale e pepe: q.b.
- Olio extravergine d'oliva: per condire
- Paprika o peperoncino in fiocchi (opzionale): per guarnire

Preparazione:

- **Tostare il Pane**:

- Tosta le fette di pane integrale fino a che non diventano croccanti e dorate.

Preparare l'Avocado:

- Taglia l'avocado a metà, rimuovi il nocciolo e preleva la polpa con un cucchiaio.
- Schiaccia l'avocado con una forchetta e condisci con sale, pepe e un filo d'olio d'oliva.

Cuocere l'Uovo in Camicia:

- Porta a ebollizione una pentola d'acqua e aggiungi l'aceto bianco.
- Rompi un uovo in una tazza o in un piccolo recipiente.
- Quando l'acqua è in ebollizione, crea un vortice con un cucchiaio e versa delicatamente l'uovo al centro del vortice.
- Cuoci per circa 3-4 minuti per un tuorlo morbido.
- Usa una schiumarola per rimuovere l'uovo dall'acqua e scolalo su un panno da cucina.

Assemblare il Toast:

- Spalma l'avocado schiacciato sulle fette di pane tostato.

- Posiziona delicatamente un uovo in camicia su ciascun toast.

- Condisci con sale, pepe, un filo d'olio d'oliva e, se lo desideri, una spolverata di paprika o peperoncino in fiocchi.

Yogurt Greco con Miele e Frutta Secca

Yogurt greco a basso contenuto di grassi con un cucchiaio di miele naturale e una manciata di frutta secca. Una colazione semplice ma nutriente, ricca di calcio e proteine.

Ingredienti:

- Yogurt greco: 1-2 tazze (a seconda della porzione desiderata)
- Miele: 2-3 cucchiai
- Frutta secca assortita (come noci, mandorle, nocciole, pistacchi): 1/4 di tazza
- Frutta disidratata (come mirtilli, uvetta, albicocche): 2 cucchiai (opzionale)
- **Preparazione:**
- **Prepara la Frutta Secca**:
- Trita grossolanamente la frutta secca se preferisci pezzi più piccoli o lasciala intera per una maggiore croccantezza.

Assemblare il Dessert:

- Versa lo yogurt greco in una ciotola.

- Drizzla il miele sopra lo yogurt. Puoi aggiungere più o meno miele a seconda della tua preferenza per la dolcezza.

- Cospargi la frutta secca tritata (e la frutta disidratata, se usata) sopra lo yogurt.

Servire:

- Mescola leggermente prima di mangiare per amalgamare il miele e la frutta secca con lo yogurt.

- Puoi anche aggiungere un tocco extra come un pizzico di cannella o vaniglia per un sapore aggiuntivo.

- Questo dessert è versatile e può essere personalizzato in base alle tue preferenze. È perfetto come colazione nutriente, uno spuntino pomeridiano o un dessert leggero. La combinazione di yogurt cremoso, miele dolce e frutta secca croccante è semplicemente deliziosa.

7. Muffin di Banana e Avena

Muffin fatti in casa con banane mature, avena integrale, e una piccola quantità di dolcificante naturale. Sono una scelta ottima per una colazione da portare via o uno spuntino sano.

Ingredienti:

- Banane mature: 3 (preferibilmente molto mature)
- Fiocchi d'avena: 1 tazza
- Farina integrale: 1 tazza
- Uova: 2
- Miele o sciroppo d'acero: 1/2 tazza
- Olio di cocco (fuso) o altro olio vegetale: 1/3 di tazza
- Latte (o una bevanda vegetale): 1/4 di tazza
- Bicarbonato di sodio: 1 cucchiaino
- Polvere di cannella: 1 cucchiaino
- Essenza di vaniglia: 1 cucchiaino

- Sale: un pizzico
- Noci o gocce di cioccolato (opzionali): 1/2 tazza

Preparazione:

- **Riscalda il Forno e Prepara la Teglia**:
- Preriscalda il forno a 180°C (350°F).
- Rivesti una teglia per muffin con pirottini di carta o ungi con un po' d'olio.

Prepara l'Impasto:

- Schiaccia le banane in una grande ciotola.
- Aggiungi le uova, il miele, l'olio, il latte e la vaniglia. Mescola bene.
- In un'altra ciotola, combina la farina integrale, i fiocchi d'avena, il bicarbonato, la cannella e il sale.
- Aggiungi gli ingredienti secchi a quelli umidi e mescola fino a quando sono appena combinati. Evita di mescolare troppo.

- Se desideri, incorpora noci tritate o gocce di cioccolato.

Cuoci i Muffin:

- Riempire ogni pirottino di muffin con l'impasto, riempiendoli fino a 3/4.
- Cuoci in forno per circa 20-25 minuti o fino a quando uno stecchino inserito al centro esce pulito.

Raffreddare e Servire:

- Lascia raffreddare i muffin nella teglia per alcuni minuti, poi trasferiscili su una griglia per raffreddarli completamente.

Capitolo 6: Ricette DASH per il Pranzo

Dopo aver iniziato la giornata con una colazione nutriente, il pranzo rappresenta un'altra opportunità per incorporare i principi della Dieta DASH in deliziose ricette.

1. Insalata Mediterranea con Quinoa e Ceci

Una ricca insalata composta da quinoa, ceci, pomodori, cetrioli, olive e un condimento leggero di olio d'oliva e limone. Questa insalata è ricca di proteine vegetali, fibre e grassi sani.

Ingredienti:

- Quinoa: 1 tazza (cruda)
- Acqua o brodo vegetale: 2 tazze
- Pomodorini: 1 tazza, tagliati a metà
- Cetriolo: 1, tagliato a dadini
- Peperone rosso: 1, tagliato a dadini
- Cipolla rossa: 1/4, affettata finemente
- Olive kalamata: 1/2 tazza, denocciolate

- Noci: 1/2 tazza, tritate grossolanamente
- Feta sbriciolata: 1/2 tazza
- Prezzemolo fresco: 1/4 di tazza, tritato
- Olio extravergine di oliva: 1/4 di tazza
- Succo di limone: 2 cucchiai
- Sale e pepe nero: q.b.
- Aglio in polvere: 1/2 cucchiaino (opzionale)

Preparazione:

Cuocere la Quinoa:

- Sciacqua bene la quinoa sotto l'acqua corrente.
- In una pentola, porta a ebollizione l'acqua o il brodo vegetale.
- Aggiungi la quinoa, riduci la fiamma, copri e lascia cuocere per circa 15 minuti o fino a quando l'acqua non è stata assorbita.
- Togli dal fuoco e lascia riposare coperto per 5 minuti, poi sgranala con una forchetta.

Preparare le Verdure:

- In una grande ciotola, unisci i pomodorini, il cetriolo, il peperone rosso, la cipolla rossa e le olive kalamata.

Comporre l'Insalata:

- Aggiungi la quinoa raffreddata alla ciotola con le verdure.
- Aggiungi le noci tritate e la feta sbriciolata.
- Cospargi il prezzemolo fresco tritato.

Condire l'Insalata:

- In una piccola ciotola, mescola l'olio d'oliva, il succo di limone, sale, pepe e aglio in polvere.
- Versa il condimento sull'insalata e mescola bene per combinare tutti gli ingredienti.

Servire:

- Lascia riposare l'insalata per almeno 10 minuti prima di servire per permettere ai sapori di amalgamarsi.

- Puoi servirla a temperatura ambiente o fredda.

Wrap di Pollo e Verdure alla Griglia

- Strisce di petto di pollo alla griglia avvolte in una tortilla integrale con una varietà di verdure grigliate. Un pranzo pratico e bilanciato, perfetto anche da portare al lavoro.

Ingredienti:

- Petto di pollo: 2, tagliati a strisce
- Zucchine: 1, affettata longitudinalmente
- Peperoni: 2 (rossi, gialli o verdi), tagliati a strisce
- Cipolla rossa: 1, tagliata a fette
- Tortillas integrali o al gusto preferito: 4
- Olio d'oliva: per pennellare
- Hummus o salsa tzatziki: per spalmare sulle tortillas
- Sale e pepe: q.b.
- Spezie a scelta (come paprika, aglio in polvere, origano): q.b.

Preparazione:

- **Condire e Grigliare il Pollo e le Verdure**:
- Condire il pollo e le verdure con olio d'oliva, sale, pepe e le spezie scelte.
- Griglia il pollo e le verdure su una griglia ben calda, girandoli una volta, fino a quando sono cotti e hanno belle righe da grigliatura. Il tempo di cottura varierà a seconda dello spessore del pollo e delle verdure.

Preparare le Tortillas:

- Riscalda le tortillas in una padella o sulla griglia per renderle più morbide e flessibili.

Assemblare i Wrap:

- Spalma una generosa quantità di hummus o salsa tzatziki su ogni tortilla.
- Disponi una porzione equa di pollo e verdure grigliate su ogni tortilla.

- Aggiungi eventuali altri ingredienti che preferisci, come foglie di lattuga, fette di pomodoro o formaggio grattugiato.

Arrotolare i Wrap:

- Piega i bordi della tortilla verso l'interno e arrotola fermamente per chiudere il wrap.

Servire:

- Taglia i wrap a metà e servi immediatamente.

- Questi wrap sono perfetti per un pranzo veloce, una cena leggera o perfino come pasto da portare fuori casa. Sono personalizzabili in base ai tuoi gusti, quindi sentiti libero di aggiungere o modificare gli ingredienti a seconda delle tue preferenze. Buon appetito!

Zuppa di Lenticchie e Verdure

- Una zuppa nutriente e riscaldata, preparata con lenticchie, carote, sedano e pomodori. Questa zuppa è un'ottima fonte di proteine vegetali e fibre.

Salmone al Forno con Insalata di Spinaci

- Un filetto di salmone al forno servito con un'insalata di spinaci freschi, fragole e noci. Il salmone è una fonte eccellente di acidi grassi omega-3, mentre gli spinaci e le fragole aggiungono antiossidanti e vitamine.

Risotto di Orzo con Funghi e Zucchine

- Un cremoso risotto preparato con orzo integrale, funghi e zucchine. Questo piatto offre un equilibrio di carboidrati complessi e verdure ricche di nutrienti.

Sandwich di Tacchino e Avocado su Pane Integrale

- Un sandwich semplice ma soddisfacente con tacchino magro, avocado, lattuga e pomodoro, servito su pane integrale. Un pranzo equilibrato che combina proteine magre, grassi sani e fibre.

7. Insalata di Tonno con Fagioli Bianchi

- Una insalata leggera e proteica preparata con tonno in scatola (al naturale), fagioli bianchi, cipolla rossa e un condimento leggero. Questa insalata è perfetta per un pranzo veloce ma nutritivo.

Capitolo 7: Ricette DASH per la Cena

La cena, come gli altri pasti della giornata, gioca un ruolo essenziale nell'aderire ai principi della Dieta DASH. Questo capitolo presenta una serie di ricette serali che non solo soddisfano il palato ma supportano anche una vita sana e un cuore sano.

1. Petto di Pollo Arrosto con Patate Dolci e Broccoli

- Un petto di pollo magro arrosto, servito con patate dolci al forno e broccoli al vapore. Questo pasto bilanciato offre proteine magre, carboidrati complessi e una ricchezza di nutrienti.

2. Lasagne Vegetariane con Ricotta e Spinaci

- Lasagne stratificate con ricotta a basso contenuto di grassi, spinaci e salsa di pomodoro. Una versione più salutare di un classico confort food, ricca di calcio e fibre.

3. Salmone in Crosta di Sesamo con Quinoa e Asparagi

- Filetto di salmone in crosta di semi di sesamo, accompagnato da quinoa e asparagi grigliati. Un piatto ricco di omega-3, proteine e fibre.

4. Chili di Tacchino con Fagioli e Mais

- Un chili speziato preparato con tacchino macinato magro, fagioli neri, mais e pomodori. Questo piatto è perfetto per un pasto sostanzioso e confortante.

5. Stufato di Verdure e Ceci

- Uno stufato ricco e riscaldante a base di ceci, zucchine, carote e pomodori. Questo piatto vegetariano è eccellente per un pasto serale nutriente e leggero.

6. Bistecca di Manzo alla Griglia con Insalata Mediterranea

- Una bistecca di manzo magra alla griglia, servita con un'insalata di pomodori, cetrioli, olive e feta a basso contenuto di grassi. Un'opzione che combina proteine di alta qualità con grassi salutari.

7. Risotto di Barbabietola e Caprino

- Un risotto cremoso a base di barbabietole e formaggio di capra, con un tocco di erbe aromatiche. Un piatto ricco di sapore e nutrienti, perfetto per una cena speciale.

Queste ricette per la cena sono state attentamente selezionate per allinearsi con i principi nutrizionali della Dieta DASH, assicurando che ogni pasto sia non solo delizioso ma anche benefico per la salute del cuore e il controllo della pressione sanguigna.

Capitolo 8: Spuntini e Dessert DASH

Anche gli spuntini e i dessert possono essere parte di un regime alimentare sano e bilanciato, come dimostrato dalla Dieta DASH. Questo capitolo offre idee per spuntini e dolci che si adattano ai principi della Dieta DASH, mostrando come sia possibile godere di cibi gustosi senza compromettere la salute del cuore.

Hummus con Verdure Croccanti

- Hummus fatto in casa servito con una varietà di verdure crude come carote, cetrioli e peperoni. Uno spuntino ricco di proteine e fibre, perfetto per uno snack pomeridiano.

Frutta Fresca con Yogurt Greco

- Una ciotola di frutta fresca di stagione accompagnata da yogurt greco a basso contenuto di grassi. Questa combinazione offre un equilibrio di dolcezza naturale e proteine.

Noci e Frutta Secca

- Un piccolo mix di noci e frutta secca è uno spuntino pratico e nutriente, ricco di grassi sani e proteine.

Barrette di Cereali Integrali Fatte in Casa

- Barrette di cereali preparate con avena integrale, frutta secca e un pizzico di miele. Uno snack sano e energizzante, ideale per i momenti di stanchezza.

Mousse di Cioccolato e Avocado

- Una mousse leggera e cremosa fatta con avocado maturo e cacao in polvere, dolcificata con un tocco di miele o sciroppo d'acero. Un dessert delizioso e sorprendentemente sano.

Biscotti Integrali all'Avena e Uvetta

- Biscotti fatti in casa con farina integrale, avena e uvetta. Una versione più salutare dei classici biscotti, perfetti per un dolce spuntino.

Sorbetto di Frutta Fresca

- Sorbetto fatto in casa con frutta fresca e un po' di zucchero o dolcificante naturale. Una scelta leggera e rinfrescante per un dessert estivo.

Capitolo 9: Gestione del Peso con la Dieta DASH

La gestione del peso è un aspetto importante della salute generale e può avere un impatto significativo sulla salute cardiovascolare. Il nono capitolo del libro si concentra su come la Dieta DASH possa essere utilizzata non solo per migliorare la salute del cuore e ridurre la pressione sanguigna, ma anche per aiutare nella perdita di peso in modo sano e sostenibile.

Comprendere il Bilancio Energetico

Per perdere peso, è essenziale comprendere il concetto di bilancio energetico - la relazione tra le calorie consumate e quelle bruciate. La Dieta DASH, con il suo focus su alimenti nutrienti e meno calorici, può aiutare a creare un deficit calorico necessario per la perdita di peso.

2. Porzioni Controllate

Uno dei principi chiave della Dieta DASH è la moderazione. Consumare porzioni controllate, in linea con i bisogni calorici individuali, è fondamentale per la gestione del peso.

3. Alimenti Sazianti e Nutrienti

Gli alimenti ricchi di fibre e proteine, come quelli promossi dalla Dieta DASH, tendono a essere più sazianti. Questo può aiutare a ridurre l'assunzione complessiva di cibo e a controllare l'appetito.

4. Riduzione dei Grassi Saturi e Zuccheri

Limitare l'assunzione di grassi saturi e zuccheri, come raccomandato dalla Dieta DASH, può ridurre significativamente l'apporto calorico quotidiano e favorire la perdita di peso.

5. Esercizio Fisico Regolare

Anche se la Dieta DASH si concentra principalmente sull'alimentazione, l'esercizio fisico regolare è un altro componente chiave nella gestione del peso. Combinare la dieta con attività fisica aiuta a bruciare più calorie e a costruire massa muscolare.

6. Monitoraggio e Consistenza

Il monitoraggio dell'assunzione di cibo e l'essere coerenti con i principi della dieta sono fondamentali per il successo a lungo termine. Ciò può includere la tenuta di un diario alimentare o l'uso di app per il tracciamento dei pasti.

In conclusione, la Dieta DASH non è solo efficace per migliorare la salute cardiovascolare e ridurre la pressione sanguigna, ma può anche essere un potente strumento per la perdita di peso sostenibile e la gestione del peso a lungo termine.

Capitolo 10: Stile di Vita DASH

La Dieta DASH non riguarda solo l'alimentazione; è un approccio completo allo stile di vita. Questo capitolo esplora come integrare attività fisica, gestione dello stress e un sonno di qualità nel contesto della Dieta DASH, creando un approccio olistico alla salute e al benessere.

1. Attività Fisica e Benessere Generale

L'esercizio fisico regolare è una componente essenziale di uno stile di vita sano. Aiuta a controllare il peso, riduce il rischio di malattie cardiache e migliora l'umore e la salute mentale. La Dieta DASH si integra perfettamente con un programma di esercizio fisico regolare, che può variare dall'aerobica alla forza muscolare, dalla flessibilità agli esercizi di equilibrio.

2. Gestire lo Stress

Lo stress cronico può avere effetti negativi sulla pressione sanguigna e sulla salute generale. Tecniche di gestione dello stress come la meditazione, lo yoga, la respirazione profonda e il tempo trascorso nella natura possono essere integrate nello stile di vita DASH per promuovere il benessere fisico e mentale.

3. Dormire Bene

Un sonno di qualità è fondamentale per la salute generale e può influenzare il peso, l'umore e la salute del cuore. La Dieta DASH, con il suo basso contenuto di zuccheri e grassi saturi, può favorire un sonno migliore. Inoltre, pratiche come stabilire una routine serale rilassante e ridurre l'esposizione a schermi luminosi prima di dormire possono migliorare la qualità del sonno.

4. Abitudini Sane Quotidiane

Incorporare piccole abitudini sane nella routine quotidiana può avere un grande impatto sulla salute a lungo termine. Questo include bere acqua sufficiente, limitare il consumo di alcol, smettere di fumare e fare scelte alimentari consapevoli.

5. Supporto Sociale e Community

Avere il supporto di amici, familiari o gruppi di supporto può essere un grande aiuto nel mantenere uno stile di vita DASH. Condividere ricette, esperienze e sfide con altri può fornire motivazione e ispirazione. L'adozione dello stile di vita DASH va oltre la semplice scelta dei cibi giusti. Coinvolge un approccio olistico che include attività fisica, gestione dello stress e un buon sonno, tutti fattori chiave per il benessere generale.

Conclusione

Mentre giungiamo al termine di "La Dieta DASH: Il Percorso Verso un Cuore Sano", è importante riflettere sul viaggio che abbiamo intrapreso. La Dieta DASH non è solo un regime alimentare, ma un vero e proprio stile di vita, uno che enfatizza l'equilibrio, la nutrizione e il benessere complessivo.

Riassunto dei Principi Chiave

Abbiamo esplorato come la Dieta DASH, originariamente sviluppata per combattere l'ipertensione, sia in realtà un approccio nutrizionale olistico che offre benefici che vanno ben oltre la gestione della pressione sanguigna. Dall'abbassamento dei livelli di colesterolo alla prevenzione dell'aterosclerosi, dalla gestione del peso alla riduzione del rischio di diabete, la Dieta DASH si è dimostrata uno strumento efficace per migliorare la salute e la qualità della vita.

Un Percorso Accessibile e Sostenibile

Una delle maggiori forze della Dieta DASH è la sua accessibilità e sostenibilità. Non richiede cambiamenti drastici o l'eliminazione di interi gruppi alimentari. Invece, incoraggia scelte alimentari sane, porzioni controllate e un'ampia varietà di nutrienti. Abbiamo visto come sia possibile incorporare questi principi nella vita quotidiana attraverso la pianificazione del menù, la preparazione dei pasti, e una gamma di deliziose ricette.

Oltre l'Alimentazione

Abbiamo anche esaminato come lo stile di vita DASH sia più che una dieta. È un approccio completo che include attività fisica regolare, gestione dello stress e sonno di qualità. Tutti questi elementi lavorano in sinergia per promuovere un cuore sano e una vita piena e soddisfacente.

Incoraggiamento per il Futuro

Mentre ognuno di noi intraprende il proprio viaggio verso una salute migliore, è importante ricordare che ogni piccolo passo conta. La Dieta DASH non è un percorso rigido, ma un viaggio flessibile e adattabile alle esigenze individuali. Con impegno e costanza, è possibile raggiungere obiettivi significativi di salute e benessere.